壶关古树名木

政协壶关县委员会 编

方志出版社
Publishing House of Local Records

《壶关古树名木》编委会

序言

保护古树名木　共建美好家园

壶关县政协主席　王明德

壶关县位于太行山东南部，其风景名胜众多，自然资源丰富，有利于植物生长。壶关县拥有种类丰富、数量可观的古树名木。《壶关古树名木》是一本在对壶关县古树名木资源详细调查的基础上，所编著的拥有历史性、知识性和科学性的读物，书中收集了全县175株古树名木的彩图，并对其所在科属和生长时间、地点、状态作了介绍。

《壶关古树名木》与《壶关树木图志》堪称姊妹篇。这两部书均由壶关县政协副主席秦庆祥、县林业局工程师程喜堂编著。秦庆祥同志曾经任职县林业局长多年，他和程喜堂同志都是壶关的林业专家，对壶关的山山水水、花草树木怀有难以割舍的情愫。从2014年始，县政协大力支持他俩着手对全县的树木资源进行调查考察，并在需要的时候 给予人力物力支持，历时4个春秋，足迹踏遍13个乡镇、390个行政村、1000多个自然山庄，克服了许多意想不到的困难，通过大量的走访问询、现场拍照、查阅资料、整理分类、撰写说明等工作，终于编著成两部著作奉献给世人，应该说是一个不小的成就。

古树名木是中华民族五千年悠久历史的见证，是绿色的“活化石”。一棵古树就是一段尘封的历史记忆，就是一节跳动的文化音符，就是一个神奇的旅游景点。古树名木之于城乡，不仅仅是几片绿叶一片绿色，还是“乡愁”的寄托，留住古树名木，也就留住了人们心里的乡愁；保护古树名木，也就是保护人们的心灵家园。

《壶关古树名木》一书出版发行，有着特殊的现实意义和历史意义。它不但深入挖掘了壶关深厚的文化积淀，向世人展示了壶关悠久的历史，更彰显了壶关建设生态文明的鲜明导向，对于全社会增强环保意识、文明意识将起到重要的推动作用。希望通过此书的出版发行，进一步增进全社会关注古树名木、珍爱古树名木、保护古树名木的责任感和使命感，使保护古树名木成为全县上下的自觉行动，切实把惠及百姓、泽及子孙的生态林业建设推向深入。

借《壶关古树名木》发行之际，号召全社会积极投身环境友好型社会建设，打造“蓝天、碧水、绿树、净土”的生态壶关，共建美好家园！

2017年12月

Contents 目 录

油松

Pinus tabulaeformis Carr.

别名松树。松科、松属。常绿乔木。

壶关与油松有着不解之缘！

全县人民坚持不懈，艰苦奋斗四十年，在一片干石山上栽下油松5.33万公顷，创造了生态建设的奇迹！独领山西省人工油松林面积大县之风骚，2014年油松成为壶关县众望所归而又当之无愧的县树！

遍布山川的油松林，成为壶关生态的支撑，十年九旱乱石滚滚的壶关，脱胎换骨凤凰涅槃，如今无山不林、无水不清，松海茫茫，碧波荡漾，壶关正在如诗如画的美景中昂然前进！

“何当凌云霄，直上数千尺”。株株古松或在遭受战乱烧掠、无度开垦厄运时侥幸生存，或凭借自生的坚韧，搏击风霜雷电、干旱瘠薄顽强生存，以百年之岁、千古之龄，见证着壶关森林演变、生态变化的不凡历程，它们留给人们的是启迪和崇敬，是震撼和奋发！

生长地点：晋庄镇黎岭村
树龄（年）：600
树高（米）：17
胸围（厘米）：300
冠幅（米）：14

相传黎岭村是古黎侯国旧地。村北山间干石板上生长有一棵古松，此山祖辈人称“小松树岭”。

生长地点：桥上乡马安驼村

树龄（年）：500

树高（米）：8

胸围（厘米）：210

冠幅（米）：15

马安驼村中鞍状石板上生长有5棵松树，其中2株古树传说是二仙真人（二仙奶奶）的化身，旁边3株是后人为陪侍二仙所植。

生长地点：树掌镇梁家村
树龄（年）：500
树高（米）：13
胸围（厘米）：231
冠幅（米）：15.5

梁家村地处晋豫古道上，古道两侧各有古松一株，如同松门，甚为壮观。可惜一株于前几年枯死，留下无限遗憾！↓

生 长 地 点：石坡乡六六城村
树龄（年）：400
树高（米）：12
胸围（厘米）：190
冠幅（米）：11.5

生长地点：东井岭乡三郊口村信号塔旁
树龄（年）：300
树高（米）：8.7
胸围（厘米）：215
冠幅（米）：10

Pinus tabulaeformis Carr 油松

生长地点：石坡乡北平头坞村
树龄（年）：300
树高（米）：12
胸围（厘米）：212
冠幅（米）：16.5

生长地点：石坡乡北平头坞村
树龄（年）：300
树高（米）：12
胸围（厘米）：212
冠幅（米）：16.5

生长地点：石坡乡苇则水村庙角
树龄（年）：300
树高（米）：12
胸围（厘米）：212
冠幅（米）：16.5

生长地点：石坡乡六六城村
树龄（年）：300
树高（米）：18
胸围（厘米）：250
冠幅（米）：13.5

生长地点：鹅屋乡阴山坝村南碣岭
树龄（年）：300
树高（米）：6
胸围（厘米）：224
冠幅（米）：16.5

生长地点：树掌镇李家河村
树龄（年）：200
树高（米）：7
胸围（厘米）：140
冠幅（米）：10

生长地点：东井岭乡贾庄村庙东
树龄（年）：200
树高（米）：7
胸围（厘米）：200
冠幅（米）：17.5

生长地点：东井岭乡西马安村
树龄（年）：200
树高（米）：12
胸围（厘米）：120
冠幅（米）：5.5

生长地点：晋庄镇郊里村
树龄（年）：200
树高（米）：10
胸围（厘米）：155
冠幅（米）：10

生长地点：五龙山乡池后村
树龄（年）：200
树高（米）：9
胸围（厘米）：130
冠幅（米）：11

生长地点：五龙山乡迎乐村
树龄（年）：200
树高（米）：9
胸围（厘米）：160
冠幅（米）：10

生长地点：石坡乡石坡村
树龄（年）：200
树高（米）：13
胸围（厘米）：150
冠幅（米）：10.5

生 长 地 点：石坡乡前山庄村长岭上
树龄（年）：200
树高（米）：15
胸围（厘米）：153
冠幅（米）：8.5

生长地点：鹅屋乡红脑上村花尖上
树龄（年）：200
树高（米）：9
胸围（厘米）：150
冠幅（米）：8

生长地点：鹅屋乡红脑上村南角上
树龄（年）：200
树高（米）：9
胸围（厘米）：140
冠幅（米）：9.5

生长地点：桥上乡盘底三圣庙院
树龄（年）：200
树高（米）：21
胸围（厘米）：180
冠幅（米）：11.5

生长地点：百尺镇方善村青龙宫池后

树龄（年）：200

树高（米）：15

胸围（厘米）：125

冠幅（米）：10

生长地点：百尺镇宋家河村（左）
树龄（年）：200
树高（米）：10
胸围（厘米）：200
冠幅（米）：9

生长地点：百尺镇宋家河村（右）
树龄（年）：200
树高（米）：8
胸围（厘米）：150
冠幅（米）：15　　　　　　　　　　　　　/ 间隔 20 米

此页照片由刘建宏摄

生 长 地 点：东井岭乡石盆村（古树群）
树龄（年）：100
树高（米）：6 ~ 12
胸围（厘米）：140 ~ 160
冠幅（米）：8 ~ 11

❶ ❷ ❸
❹ ❺

❻ ❼ ❽ ❾
❿

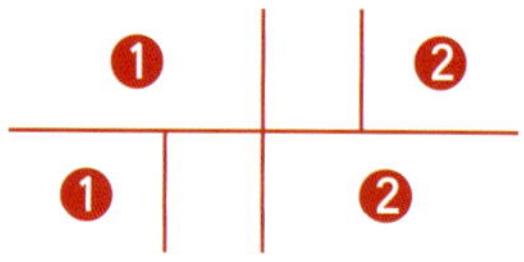

生长地点：百尺镇葫芦沟村七棵松树岭（群）
树龄（年）：100
树高（米）：5 ~ 8
胸围（厘米）：109 ~ 152
冠幅（米）：5 ~ 8

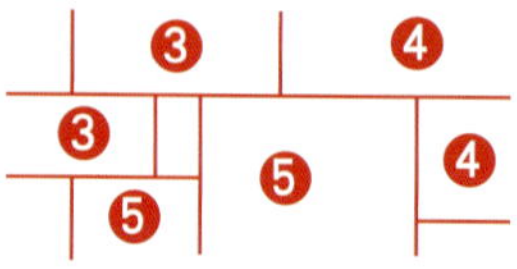
3
4
3
5
4
5

油松 【科普知识】

常绿乔木，树冠塔形或卵圆形。树皮灰褐色，裂成不规则鳞块状。针叶 2 针一束，长 10 ～ 15 厘米。雌雄同株。雄花呈柱形聚生于新枝下部，雌花单生或聚生于近新枝顶部。球果卵圆形，种子卵圆形或长卵圆形。花期 4—5 月，果期 9—10 月。

阳性树种，喜光、抗风、抗瘠薄，适应性强，根系发达。壶关县分布极广，除少数为天然次生林外，多为人工栽植，面积达 4 万多公顷。从山到沟，从城到村，路旁公园油松遍布。

20 世纪 80 年代，以壶关县全国劳模王五全和林业局原局长张平和为代表的一代人，经过不懈努力，创造了一套干石山油松移植造林经验，获得山西省科技进步二等奖，被中国农业电影制片厂拍成科教片《干石山上栽油松》在全国推广。油松造林技术一度处于山西省领先水平。

油松树姿雄伟，枝繁叶茂，有良好的水土保持和保护环境的效能。大面积的油松林改变了壶关县十年九旱、乱石滚滚的生态状况，成为重要的生态支撑。2012 年被评为壶关县县树。

油松易着火。大面积连片的油松纯林一旦发生火灾，扑救十分困难。因此，营造油松林一要十分注重与阔叶林块状混交，二要适当稀植，培育乔灌复层林，减少火灾隐患。

种子繁殖，大面积造林用二年生裸根苗或容器苗。

白皮松

Pinus bungeana Zucc. ex Endl.

别名三针松、虎皮松。松科、松属。常绿乔木。

亚洲地区唯一的针叶为三针一束的松树树种。白皮松被认为是最美丽的树种之一。“叶坠银杈细，花飞香粉干。寺门烟雨中，混作白龙看”是对白皮松的写照。白皮松古树在壶关县为数不多，但与它多出现在皇家宫殿、皇家园林、古刹名寺、帝王陵寝的身份相比，足见壶邑故土之丰美，壶邑故地之风流。

生长地点：石坡乡前山庄村头草岭
树龄（年）：300
树高（米）：9
胸围（厘米）：180
冠幅（米）：9

生长地点：石坡乡前山庄村头草岭
树龄（年）：300
树高（米）：13
胸围（厘米）：210
冠幅（米）：11

生长地点：黄山乡向掌村西山梁
树龄（年）：200
树高（米）：10
胸围（厘米）：135
冠幅（米）：8

生长地点：黄山乡向掌村西山梁
树龄（年）：200
树高（米）：9
胸围（厘米）：116
冠幅（米）：7

生长地点：黄山乡向掌村西山梁
树龄（年）：200
树高（米）：9
胸围（厘米）：140
冠幅（米）：8

向掌村白皮松的树皮，一直被人偷刮，据传是树皮可治某种疾病。望着伤痕累累命悬一线的古树，不禁会发问：若为了钱财，家发乎！心安乎！若为了疾病，病愈乎！心安乎！若二者均得或不得，而树木枯死，如何面对世人乎！子孙乎！

生长地点：黄山乡向掌村西山梁
树龄（年）：200
树高（米）：9
胸围（厘米）：137
冠幅（米）：9

生长地点：黄山乡向掌村西山梁
树龄（年）：200
树高（米）：8
胸围（厘米）：114
冠幅（米）：7

生长地点：五龙山乡刘寨村
树龄（年）：150
树高（米）：9
胸围（厘米）：90
冠幅（米）：7

生 长 地 点：鹅屋乡黄崖底村祖师庙旁（两株）
树龄（年）：100
树高（米）：10、7
胸围（厘米）：100、140
冠幅（米）：6.5、5

白皮松 【科普知识】

常绿乔木。幼树树皮平滑，灰绿色，老树皮淡褐灰色或灰白色，成不规则鳞片脱落，脱落后露出粉白色内皮，白黑相间成斑鳞状。针叶3针一束，长5～10厘米。雌雄同株。球果卵圆形或圆锥状卵圆形，种子近倒卵圆形。花期4—5月，果期9—10月。

我国特有树种，主要分布于华北、西南地区的山地。喜光、耐旱、耐干燥瘠薄、抗寒力强。在壶关县自然分布集中于树掌镇南山几个村的山上，晋庄镇、集店乡的部分村也有少量分布。人工栽植范围较广，多见于县城公园和乡村绿地。

种子繁殖。幼苗生长缓慢，三年以后加快。

白皮松绿冠银干，姿态优美，历来是园林风景树种。

可适当发展。

侧柏

Platycladus orientalis (L.) Franco.

别名柏树。柏科、侧柏属。常绿乔木。

侧柏有着坚韧、忠诚的气质。曾有古诗赞曰："桃李艳春日，松柏黯无光。贞心结千古，誓不随众芳。"现存古柏多生长于最为瘠薄的多石地带或庙宇内外。无论何地，恪尽职守。尽管岁月无情，风雪无义，仍然苍劲挺拔，巍然屹立。

生长地点：桥上乡前脑村柏树岭
树龄（年）：500
树高（米）：6
胸围（厘米）：140
冠幅（米）：6.5

此页照片由石保红提供

生长地点：黄山乡王家掌村庙院
树龄（年）：300
树高（米）：15
胸围（厘米）：148
冠幅（米）：8

生长地点：黄山乡王家掌村庙院
树龄（年）：300
树高（米）：16
胸围（厘米）：165
冠幅（米）：8

福星高照

生长地点：黄山乡王家掌村庙院
树龄（年）：300
树高（米）：15
胸围（厘米）：155
冠幅（米）：8

生长地点：集店乡辛村（南、北两株）

树龄（年）：200

树高（米）：13.5

胸围（厘米）：100、110

冠幅（米）：4.5

財源似潮滾滾來
事業如雲騰騰起

生长地点：石坡乡双井村庙院内
树龄（年）：200
树高（米）：18
胸围（厘米）：125
冠幅（米）：6

生 长 地 点：龙泉镇修善村小庙山
树龄（年）：200
树高（米）：8
胸围（厘米）：125
冠幅（米）：5

生长地点：树掌镇大会村
树龄（年）：130
树高（米）：7
胸围（厘米）：130
冠幅（米）：5

此页照片由王树芳摄

生长地点：树掌镇森掌村
树龄（年）：130
树高（米）：15
胸围（厘米）：117
冠幅（米）：5

侧柏 【科普知识】

常绿乔木。树皮淡灰褐色或灰褐色，细条状纵裂。小枝扁平直展，排成一个个平面密生，两面绿色。鳞叶，长 1 ～ 3 毫米，交互对生，紧抱小枝。雌雄同株异花，雄球花长圆形，长约 2 毫米，雌球花卵圆形。球果、种子近卵圆形。花期 3—4 月，果期 9—10 月。

种子繁殖，育苗条件要求不严，春、雨季造林均可。

侧柏喜光，侧根发达，抗干旱、耐瘠薄、抗严寒，对土壤要求不严，在干旱瘠薄的阳坡仍能正常生长。是我国的特产种，除青海、新疆外，全国均有分布。

侧柏在壶关县的荒山阳坡绿化中占有一定地位，很多干石阳坡是在其它树种绿化失败后，改用侧柏绿化成功的。壶关侧柏分布较广，但天然分布的不多，只有东部山区大峡谷一带的陡峻地形上有自然林。现已调查清的百年以上古树有 9 株，多在庙宇院内。石坡乡双井村庙院内的柏树，树龄在 300 年以上。这些树木能够历经 300 多年的风雨而仍然茂盛，显示了绿色与古文化融会贯通的传承脉络。

侧柏树姿优美，自然条件下从基部到顶稍的枝叶可以完好生长，形成尖塔形，尤为壮观。同时抗污染力强、耐修剪，是理想的乡土景观树种。

国槐

Sophora japonica L.

别名槐树、老槐树。豆科、槐属。落叶乔木。

曾几何时，老槐树上的雀窝、老槐树下的饭场，给从农村走出来的人，留下了美好的回忆，留住了割舍不断的乡愁。“树梢明月耳边蛐，乡邻捧碗蹲青石。饭香难耐筷子短，日间趣事崔语长”。那是对老槐树的美好记忆。

至今老槐树仍然是农村的一道靓丽风景，是农村文化文脉的传承者，是记录国盛、村荣、家兴、人旺的史书。

屡遭严寒而不屈，历经酷暑而不息，昂然而生，历久弥壮的槐之气质，成就槐之百年康壮，千年胜荣之躯，被人们尊崇为“神”而敬之。

生长地点：常平开发区闫家河村
树龄（年）：1000
树高（米）：20
胸围（厘米）：712
冠幅（米）：23.5

根
傳

根
傳

根

生 长 地 点：集店乡回龙庄村
树龄（年）：1000
树高（米）：13
胸围（厘米）：580
冠幅（米）：16

生长地点：集店乡南皇村
树龄（年）：1000
树高（米）：15
胸围（厘米）：750
冠幅（米）：16

生 长 地 点：黄山乡黄山村
树龄（年）：800
树高（米）：16
胸围（厘米）：575
冠幅（米）：14.5

生长地点：龙泉镇董家坡村
树龄（年）：700
树高（米）：11
胸围（厘米）：900
冠幅（米）：19

生 长 地 点：常平开发区杜家河村

树龄（年）：600

树高（米）：15

胸围（厘米）：370

冠幅（米）：15.5

生长地点：龙泉镇盘驼底村
树龄（年）：500
树高（米）：18
胸围（厘米）：480
冠幅（米）：20

生长地点：常平开发区王家河村
树龄（年）：500
树高（米）：6
胸围（厘米）：275
冠幅（米）：13

此页照片由李清方提供

生长地点：店上镇牛居村
树龄（年）：450
树高（米）：5
胸围（厘米）：590
冠幅（米）：5

生长地点：百尺镇西岭底村
树龄（年）：400
树高（米）：15
胸围（厘米）：330
冠幅（米）：15

生长地点：桥上乡沙滩村天桥
树龄（年）：400
树高（米）：25
胸围（厘米）：440
冠幅（米）：21

生 长 地 点：集店乡西关壁村

树龄（年）：300

树高（米）：10

胸围（厘米）：540

冠幅（米）：105

生长地点：龙泉镇韩村
树龄（年）：300
树高（米）：8
胸围（厘米）：330
冠幅（米）：14.5

生长地点：龙泉镇骞堡村
树龄（年）：300
树高（米）：13
胸围（厘米）：400
冠幅（米）：20

生 长 地 点：龙泉镇骞堡村
树龄（年）：300
树高（米）：13
胸围（厘米）：400
冠幅（米）：20

生长地点：龙泉镇骞堡村里头院
树龄（年）：300
树高（米）：15
胸围（厘米）：385
冠幅（米）：14

生长地点：晋庄镇泽井村
树龄（年）：300
树高（米）：25
胸围（厘米）：360
冠幅（米）：11

生长地点：五龙山乡刘寨村
树龄（年）：300
树高（米）：12
胸围（厘米）：320
冠幅（米）：10

生长地点：石坡乡南平头坞村
树龄（年）：300
树高（米）：34
胸围（厘米）：410
冠幅（米）：14.5

生 长 地 点：桥上乡丁家岩村河东
树龄（年）：300
树高（米）：10
胸围（厘米）：310
冠幅（米）：17.5

生长地点：五龙山乡程庄村
树龄（年）：280
树高（米）：10
胸围（厘米）：290
冠幅（米）：21.5

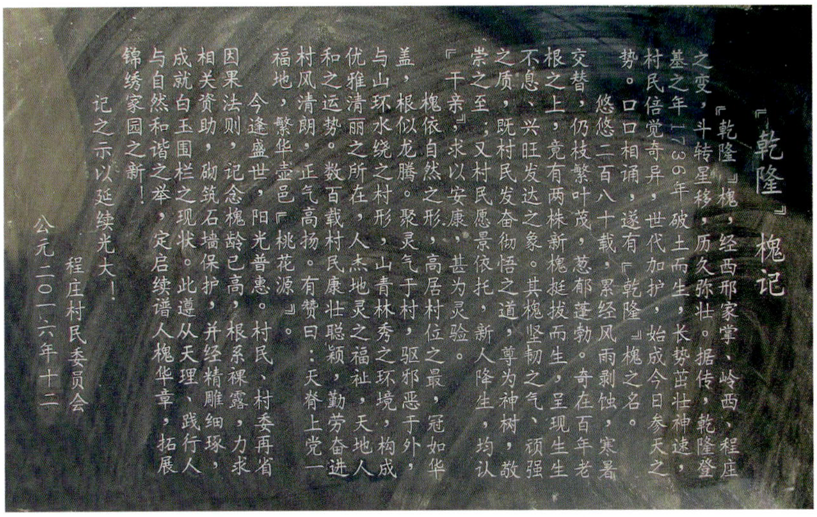
『乾隆』槐记
『乾隆』槐，经西邢家掌、岭西、程庄
之变，斗转星移，历久弥壮。据传，乾隆登
基之年（1736年）破土而生，长势茁壮神速，
村民倍觉奇异，世代加护，始成今日参天之
势。口口相诵，遂有『乾隆』槐之名。
悠悠二百八十载，累经风雨剥蚀，寒暑
交替，仍枝繁叶茂，葱郁蓬勃。奇在百年老
根之上，竟有两株新槐挺拔而生，呈现生生
不息、兴旺发达之象。其槐坚韧之气、顽强
之质，既村民发奋彻悟之道，尊为神树，敬
崇之至；又村民愿景依托，新人降生，均认
『干亲』，求以安康，甚为灵验。
槐依自然之形，高居村位之最，冠如华
盖，根似龙腾。聚灵气于村，驱邪恶于外，
与山环水绕之村形，山青林秀之环境，构成
优雅清丽之所在，人杰地灵之福祉，天地人
和之运势。数百载村民康壮聪颖，勤劳奋进
村风清朗，正气高扬。有赞曰：天眷上党一
福地，繁华壶邑『桃花源』。
今逢盛世，阳光普惠。村民、村委再省
因果法则，记念槐龄已高，根系裸露，力求
相关资助，砌筑石墙保护，并经精雕细琢，
成就白玉围栏之现状。此遵从天理、践行人
与自然和谐之举，定启续谱人槐华章，拓展
锦绣家园之新！
记之示以延续光大！
程庄村民委员会
公元二〇一六年十二

生 长 地 点：龙泉镇南园村
树龄（年）：200
树高（米）：8
胸围（厘米）：350
冠幅（米）：7

生长地点：龙泉镇南园村
树龄（年）：200
树高（米）：9
胸围（厘米）：260
冠幅（米）：7.5

生长地点：集店乡回龙庄村
树龄（年）：200
树高（米）：14
胸围（厘米）：295
冠幅（米）：22.5

生长地点：集店乡乌集头村
树龄（年）：200
树高（米）：8
胸围（厘米）：290
冠幅（米）：10.5

生长地点：集店乡乌集头村
树龄（年）：200
树高（米）：8
胸围（厘米）：290
冠幅（米）：10.5

生长地点：集店乡南皇村东
树龄（年）：200
树高（米）：13
胸围（厘米）：470
冠幅（米）：17

生长地点：龙泉镇寨上村幸福桥东
树龄（年）：200
树高（米）：7
胸围（厘米）：270
冠幅（米）：8

生长地点：晋庄镇王岭村
树龄（年）：200
树高（米）：20
胸围（厘米）：330
冠幅（米）：17

生长地点：晋庄镇王岭村
树龄（年）：200
树高（米）：15
胸围（厘米）：400
冠幅（米）：14.5

生长地点：晋庄镇东郊村
树龄（年）：200
树高（米）：10
胸围（厘米）：310
冠幅（米）：6

生长地点：晋庄镇泉则河村
树龄（年）：200
树高（米）：15
胸围（厘米）：300
冠幅（米）：10

生长地点：集店乡东关壁村
树龄（年）：200
树高（米）：5.4
胸围（厘米）：540
冠幅（米）：16

生长地点：晋庄镇赵掌村
树龄（年）：200
树高（米）：9
胸围（厘米）：250
冠幅（米）：9

生长地点：桥上乡盘底村互窑上
树龄（年）：200
树高（米）：25
胸围（厘米）：320
冠幅（米）：17

生 长 地 点：东井岭乡东掌村

树龄（年）：200

树高（米）：12

胸围（厘米）：130

冠幅（米）：8

国槐 【科普知识】

落叶乔木。树冠圆形，树皮幼时绿色，平滑，老是灰黑色，粗糙。奇数羽状复叶，互生，长15～25厘米，小叶9～15，卵状长圆形或卵状披针形，长2.5～7厘米，宽1.5～3厘米，先端尖，基部圆形或宽楔形，上面深绿色，下面灰白色。圆锥形花序顶生，花冠蝶形，乳白色至黄白色。荚果肉质，绿色，串珠状。花期7—8月，果熟期10月。

喜光，适应于干冷气候，抗风力强，病虫害少。对二氧化硫、氯化氢及烟尘抗性强，寿命可达千年以上。易栽植，好成活，耐损伤是其最大优点，近几年栽植较多。

国槐在壶关栽培历史悠久，全县现有百年以上树91株，其中1000年以上树有3株。

小叶杨

Populus simonii Carr.

别名杨树、家杨。杨柳科、杨属。落叶乔木。

在庞大的杨树家族中，小叶杨是土生土长的乡土树。也许有人类就有了它的身影，也许先人类之前或晚人类之后，默默无闻伴随人类走到今大。必要时将嫩叶和身躯无私奉献。它没有外来树种名噪一时，吸引眼球，没有优良树种诸多亮点，特别之处。随着时代发展，几近被人类遗忘。经意间，却突然发现，它有如此坚韧的气质，如此不俗的躯干，如此阿娜的身段!

囍

生长地点：店上镇郊界底村
树龄（年）：300
树高（米）：11
胸围（厘米）：590
冠幅（米）：10.5

生长地点：树掌镇南坡堖村
树龄（年）：250
树高（米）：12
胸围（厘米）：330
冠幅（米）：15

贫事业

生长地点：石坡乡城会村
树龄（年）：150
树高（米）：10
胸围（厘米）：265
冠幅（米）：12

生 长 地 点：石坡乡城会村
树龄（年）：150
树高（米）：12
胸围（厘米）：204
冠幅（米）：12

小叶杨 【科普知识】

落叶乔木，树冠圆、平顶。树皮灰绿色，老时暗灰色，深纵裂。小枝和萌发枝有明显的棱脊。冬芽细长有黏液。单叶互生，叶小，叶片椭圆形，长 4 ～ 12 厘米，宽 2 ～ 8 厘米，中部以上较宽，先端尖。雌雄异株。花期 3–5 月，果期 4–6 月。

喜光、不耐阴，喜湿、耐干旱，尤耐寒冷，能抗 –37℃低温。对土壤要求不严，对二氧化硫抗性强。根系发达，萌芽力强，寿命长。

扦插繁育为主，播种、压条均可。

小叶杨是建国之后造林的主要树种之一，壶关有大量栽植，特别在农村的房前屋后到处可见。现有百年以上大树多株，店上镇郊界底村的小叶杨胸围达 590 厘米，树龄 300 年以上。

白榆

Ulmus pumila L.

别名榆树、家榆。榆科、榆属。落叶乔木。

白榆之皮榆皮，白榆之果榆钱，均可食用，不过今人只是用来尝鲜。没有经历过艰辛岁月的人，可能不知榆皮、榆钱曾帮人们度过无数粮荒之年。老人讲，大灾之时，所有榆树的树皮都会被灾民剥光吃尽。可见榆树与人类生存有过直接的关联，与人类有着生死相依的交情。也许因为这个原因，全县现存古榆寥寥，作为见证时代印记仅存的几株，留给我们的是无限的感慨！

生长地点：东井岭乡高岸上村

树龄（年）：300

树高（米）：11

胸围（厘米）：220

冠幅（米）：21

生长地点： 龙泉镇北河村东坡
树龄（年）：200
树高（米）：10
胸围（厘米）：257
冠幅（米）：13

生长地点：五龙山乡水池村

树龄（年）：100

树高（米）：12

胸围（厘米）：220

冠幅（米）：8

生 长 地 点：石坡乡石河沐村榆树圪顶
树龄（年）：100
树高（米）：14
胸围（厘米）：160
冠幅（米）：8

生长地点：桥上乡南岭村
树龄（年）：100
树高（米）：19
胸围（厘米）：320
冠幅（米）：19

生长地点：树掌镇神北村关章岭（两株）
树龄（年）：100
树高（米）：18
胸围（厘米）：175、225
冠幅（米）：10、12

白榆　【科普知识】

落叶乔木。树皮暗灰色，粗糙纵裂。单叶互生，叶椭圆状披针形，先端渐尖或锐尖，叶缘有单锯齿，侧脉 9 ~ 16 对。花两性，早春先花后叶，花紫褐色，聚伞花序簇生于一年生枝的叶腋。翅果近圆形，俗称“榆钱”。花期 3—4 月，果熟期 4—5 月。

阳性树种，喜光、耐旱、耐寒，喜肥沃湿润土壤。生长快，寿命长。对烟和有毒气体的抗性较强。

用种子繁殖，也可分蘖、扦插。

壶关有大量分布，尤在农村房前屋后多见。现有百年以上古树 9 株，其中挂牌保护的有两株，分别在东井岭乡高岸上村的东关坡和桥上乡南岭村。白榆在适宜的条件下可自然成林，是防风、固土、保持水土的重要树种。

旱柳

Salix matsudana Koidz.

别名柳树。杨柳科、柳属。落叶乔木。

在人们的印象中，柳树有着温顺、柔弱的一面，其实它是一个耐干旱、抗瘠薄，栽植极易成活，能够战胜各种恶劣环境，蓬勃生存的树种，全国各地都有它的身影。它是同类树种的旗帜，刚柔并济的典范。

旱柳不属长寿树种，但任何事物都有例外，看看壶关县的几株古柳，就会知道事实才是真理。

生长地点：东井岭乡石盆村池边

树龄（年）：400

树高（米）：21

胸围（厘米）：580

冠幅（米）：20.5

生长地点：东井岭乡塔店村
树龄（年）：100
树高（米）：12
胸围（厘米）：305
冠幅（米）：12.5

生长地点：鹅屋乡红脑上村中央
树龄（年）：100
树高（米）：12
胸围（厘米）：270
冠幅（米）：11

生长地点：树掌镇大会村
树龄（年）：100
树高（米）：18
胸围（厘米）：277
冠幅（米）：16

旱柳 【科普知识】

落叶乔木。树皮黑褐色，沟裂。小枝直立或斜展，淡黄色或绿色。叶披针形，长 4 ~ 9 厘米，宽 6 ~ 12 毫米，先端长渐尖，上面绿色，下面灰白色。雌雄异株，花期 4 月，果期 5 月。

旱柳适生范围广泛，在年平均气温 2℃，极端最低气温 -39℃ 条件下无冻害，在夏季极端最高气温 40℃时也能正常生长。喜光，阳性树种，耐干旱。萌芽力强，根系发达。易生虫害，寿命可达 400 年以上。

用种子、插条、埋桩繁殖。

旱柳易繁殖，移植成活率高，绿期长，是优良的生态和园林绿化树种。

原产我国，壶关分布普遍，尤在乡村多见，是地道的乡土树种。全县现有树龄超过 150 年的古柳树 7 株，其中东井岭乡南湖、石盆、塔店三村各一株。鹅屋乡黄崖头、红脑上各一株，东土池村 2 株。石盆村的柳树树龄达 400 年，胸围达 580 厘米，是名副其实的“柳树王”。

毛白杨

Populus tomentosa Carr.

杨柳科、杨属。落叶乔木。

什么是高大挺拔？什么是通直圆满？什么是齐头并进？什么是难分伯仲？两株毛白杨给出最好答案。

生长地点：龙泉镇马驹村
树龄（年）：100
树高（米）：15
胸围（厘米）：200
冠幅（米）：12

毛白杨 【科普知识】

落叶乔木，高达30～40米。树冠卵圆形或卵形。树干通直，幼树树皮光滑，灰绿色。皮孔菱形，散生或横向连生。老树干基部灰褐色或黑褐色。侧枝开张，短枝上的叶三角状卵形或卵圆形，长3.5～12厘米；长枝上的叶宽，卵形或近圆形，叶先端渐尖或钝尖，叶具波状缺刻，叶背面有白色绒毛，叶基心形或截形，有2枚腺点，叶柄侧扁，光滑，长3～6厘米。雄花序长10～18厘米，雌花序长6～8厘米。果序长10～20厘米。花期3月，果期4-5月上旬。

喜光和凉爽湿润气候，在年平均气温7～16℃的范围内均能生长，但以14℃为其适生分布区，能耐-25℃以下的低温。对土壤要求不严，适生于中性土壤。对二氧化硫、氟化氢、氯气抗性较强。病虫少，寿命长。

用嫁接、埋条、埋株繁殖。

毛白杨树形高大，生态作用明显，既是良好的用材树种，又是通道、城乡绿化的生态树种。壶关县有大量种植。

毛白杨对壶关县的林业发展起到过积极作用，1980年夏季，林业处于边发展边调查研究之期，当时的县委书记张国太，亲自带领相关人员到常行乡北行头村的一条沟里，对那里的三株大毛白杨进行了考察。看到它们水泥干一样光滑的树干和高入云端的树冠，更加坚定了发展林业的决心。

小叶朴

Celtis bungeana B1.

别名黑弹树，当地误叫青檀。榆科、朴属。落叶乔木。

朴实的没有人注意，普通的没人能准确地叫出名字。也正因为如此，有古树存在于不引人注目的角落。其实，它有木材坚硬、树形高大等很多优点。特别是它极易自然繁殖：果实含糖，是众多飞鸟喜爱的美食，而坚硬的果核又不能消化。因此鸟类成为它繁衍的最好媒介。现在全县从东到西、从南到北的林地边沿，只要留意，均可发现它的身影，令人惊喜。也许，不久的将来，它能在人工林向近自然林转变中做出贡献，值得我们善待。

生长地点：树掌镇赵和池村小庙上
树龄（年）：300
树高（米）：8
胸围（厘米）：235
冠幅（米）：12

石保红供图

生长地点：桥上乡西柏坡村
树龄（年）：200
树高（米）：11
胸围（厘米）：170
冠幅（米）：6.5

生长地点：石坡乡寺尾沟村

树龄（年）：100

树高（米）：10

胸围（厘米）：95

冠幅（米）：4

生长地点：五龙山乡北塔底村
树龄（年）：100
树高（米）：13
胸围（厘米）：150
冠幅（米）：5

小叶朴 【科普知识】

落叶乔木。树皮淡灰色，平滑不裂。小枝浅褐色，具明显的皮孔。叶厚纸质，卵形至卵状披针形，长3～8厘米，宽2～4厘米，先端常尾尖；基部3出脉，侧脉弧曲向上，宽楔形至圆形，边缘中部以上具疏浅锯齿，或一侧具齿另一侧全缘，稀两侧近全缘。花杂性同株，与叶同时开放；雄花簇生于新枝基部，两性花单生或2～3朵簇生于新枝上部叶腋。核果球形，外果皮肉质，内果皮骨质，径6～8毫米，紫褐色，核果单生，果核白色，平滑，略有网纹。花期4—5月，果期9—10月。

种子繁殖。

喜光，适应性强，萌芽力强，生长慢，喜湿润深厚的中性土及微酸性土。壶关东部山区有分布，可喜的是，此树正从东向西自然分布，现在龙泉镇一带的山坡之上，可见小树。

可作庭院观赏树。

大果榉

Zelkova sinica Schneid.

别名小叶榉。榆科、榉属。落叶乔木。

古树虽然为数不多，但株株都有不俗表现，树龄均在数百年。因此树在壶关县分布范围很小，又有明显的树皮脱落的特点，人们张冠李戴把它认定为脱皮榆。今为其正名之后，它可以名正言顺地展示其独有风采。

李清方供图

生长地点：桥上乡桥上村河上
树龄（年）：300
树高（米）：17
胸围（厘米）：250
冠幅（米）：12.5

王进芳摄

生长地点：桥上乡梯脑山村
树龄（年）：300
树高（米）：13
胸围（厘米）：250
冠幅（米）：5

生长地点：鹅屋乡师家背村
树龄（年）：300
树高（米）：13
胸围（厘米）：280
冠幅（米）：15

大果榉 【科普知识】

落叶乔木。树皮成块状脱落，脱落后的新皮通常带黄色。小枝通常无毛，具散生皮孔。单叶互生，叶卵状长圆形或卵形，长 2 ～ 7 厘米，宽 1 ～ 2.5 厘米，先端渐尖，基部圆形或宽楔形，边缘具钝尖单锯齿，羽状脉，上面脉上被微毛，下面主脉上被疏柔毛，脉腋有簇生毛，侧脉 7 ～ 10 对。花杂性同株或单性同株，春季与叶同时开放；雄花单生或簇生于当年生枝下部叶腋，雌花和两性花单生或簇生于单年生枝上部叶腋，坚果倒卵状菱形，果径 6 ～ 7 毫米，单生叶腋，几无柄。花期 4—5 月，果期 10 月。

用种子繁殖。

为贵重的硬材树种，也可作为庭院观赏树。桥上乡、鹅屋乡有自然分布。

核桃

Juglans regia L.

别名胡桃。胡桃科、核桃属。落叶乔木。

核桃的故乡在伊朗，汉代张骞出使西域时传入我国，因此叫胡桃（胡人的桃）。

核桃在壶关县有着悠久历史和不凡业绩，二十世纪六七十年代，曾是国家统购产品，用以换取外汇。现存古树过去有过历史贡献，现在仍为人们生活改善续写辉煌！

生长地点：鹅屋乡红脑上村中央
树龄（年）：200
树高（米）：10
胸围（厘米）：344
冠幅（米）：12.5

粗裂的树皮书写着树干的沧桑，枯死的树枝印证着岁月的久远，但仍然枝繁叶茂，果实累累，以20年进入盛果期，年均产核桃50公斤计算，已累计挂果9000公斤之多。名副其实的“核桃王”。

生长地点：树掌镇南坡垴村中
树龄（年）：200
树高（米）：13
胸围（厘米）：280
冠幅（米）：15

生长地点：树掌镇芳岱村大凹
树龄（年）：110
树高（米）：16
胸围（厘米）：205
冠幅（米）：20

核桃 【科普知识】

落叶乔木。树皮幼时灰绿色，老时灰白色，浅裂。小枝粗壮，光滑，成绿褐色。奇数羽状复叶，长25～30厘米，小叶5～9枚，椭圆状卵形或长椭圆形，长6～15厘米，宽3～6厘米，先端渐尖，基部歪斜，近圆形，全缘或在幼时有疏齿，侧脉11～15对。雄花序为柔荑花序，下垂，长6～14厘米，雌花序穗状，顶生。果实近球形或椭圆形。花期4月，果熟期9月。

喜光和温暖凉爽气候，喜肥沃、湿润、土层深厚、排水良好的沙壤土壤。

播种、嫁接繁殖。

壶关栽植历史悠久，遍布全县，产量在百万斤以上。树掌镇回车村的核桃以个大、皮薄、仁香而闻名。现鹅屋乡红脑上村有一株200年生老树。

现在又引进了很多新品种。

梨树

Pyrus bretschneideri Rehd.

蔷薇科、梨属。落叶乔木。

据主人讲，此株梨树是他奶奶的奶奶栽下的，已有260年。至今，树虽然略显老态，但仍然年年结果，一如既往地报答着主人的养育之恩，这就是树的情怀。前人栽树后人乘凉，也因此全家对奶奶的奶奶念念不忘。

生长地点：树掌镇马家庄村
树龄（年）：260
树高（米）：9
胸围（厘米）：197
冠幅（米）：6

梨树 【科普知识】

树体高大，树姿开张，树势强健。主干灰褐色，皮孔菱形。叶卵圆形或圆形，深绿色，先端偏勾尖，基部圆形，叶缘有锯齿，幼叶黄绿色。

果实大，长椭圆形或卵圆形，果皮粗厚，黄绿色；果点大，圆形，分布不均，近梗处大而少，近顶处小而多。果肉白色，肉质粗而脆，多汁甜酸适度，贮后有浓香，石细胞较多。9月下旬至10月上旬成熟。

产量高，寿命长，适应性强，抗风、抗旱、耐贮藏。

壶关栽培较多，分布较广。

柿树

Diospyros kaki L. f.

柿树科、柿树属。落叶乔木。

柿树集中生长于美丽的太行山大峡谷，高大古朴的枝干，霜后凝重的红叶，久久不落的浆果，是一道别样的风景，无意间为大峡谷增色不少。

古柿树出自前脑村，它不仅是过去地老天荒十里烂河郊的“过来人”，更是现在惊艳中国“最美大峡谷”的见证者。

生长地点：桥上乡前脑村东沟
树龄（年）：100
树高（米）：9.4
胸围（厘米）：200
冠幅（米）：12.5

此页照片由石保红提供

柿树 【科普知识】

落叶乔木。树冠卵圆形或球形，树皮鳞块状浅裂，暗灰色或暗褐色。叶厚近革质，卵状椭圆形、宽椭圆形或矩圆形，长 6 ~ 18 厘米，宽 3 ~ 11 厘米，先端渐尖或短尖，基部圆形或宽楔形，上面光，绿色，下面淡绿色。花雌雄异株或杂性同株，黄白色或近白色，花冠钟状。浆果扁球形或圆卵形，径 3.5 ~ 10 厘米，熟时橙黄色。花期 5–6 月，果熟期 10 月。

喜光，喜温暖湿润气候，抗旱、耐涝、耐瘠薄。不耐严寒，年平均气温在 9℃以上，极端低温在 –20℃以内，背风向阳条件下生长良好。寿命长。

嫁接繁殖。

属干果类，有“木本粮食”之称。秋天叶色变红，经久不落，又成为风景树，深受喜爱。壶关桥上乡、鹅屋乡低海拔村有栽培。桥上乡前脑村、东川底村、沙滩村有古树。

枣树

Ziziphus jujuba Mill.

别名家枣。鼠李科、枣属。落叶乔木。

桃三杏四梨五年，枣树栽上就见钱。枣树一般二年生就可结果，是结果最早的树种之一。过去壶关县的李掌村、西庄村以及辛村一带是枣树之乡，盛产红枣。现在枣树数量不多，但老枣树占比很大，其中笔者就寻找到两株古枣树。树上果实累累，可见枣树忠诚务实之本质。

生 长 地 点：集店乡天池村
树龄（年）：150
树高（米）：5
胸围（厘米）：96
冠幅（米）：4

此页照片由李清方提供

生长地点：集店乡东关壁村圪廊
树龄（年）：130
树高（米）：5
胸围（厘米）：120
冠幅（米）：7

枣 【科普知识】

落叶乔木。树皮灰褐色，细纵裂。枝红褐色，有2托叶刺。叶互生，卵形，矩圆形或卵状披针形，长3～7厘米，宽1.5～4厘米；先端尖或钝，基部楔形或近圆形，不对称；边缘有细钝锯齿，基生三出脉，侧脉明显；叶柄长1～6毫米。花两性，簇生于叶腋，花黄绿色。核果长圆形或卵圆形，长2～3.5厘米，径1.5～2厘米，熟时红色，后紫红色。花期5–6月，果期9–10月。

喜光、耐干旱瘠薄，对土壤要求不严。

全县多地有零星栽植，多为当地的小枣品种。引进的部分大枣品种因生长期短，果实不能充分成熟。发展要注意选择品种。

桥上乡部分村有新品种枣树，果实可成熟。

皂荚

Gleditsia sinensis Lam.

别名皂角。豆科、皂荚属。落叶乔木。

皂荚树姿雄伟，枝披钢刺，俨然等待出征的武士，常被用作“镇宅”和 “风脉”之用。这是它阳刚的一面，而它的荚果去污力极强，曾是过去人们洗浣的佳品，深受女人爱戴，这是它阴柔的一面。

斗转星移，时过境迁。如今皂荚已逐渐退隐，就连它们的子孙也极其少见。它们当年威风八面的神采，只能从寥寥无几的古树中窥见一斑。

鹅屋乡黄崖底村小河自然庄的古皂荚，植于1573年，至今已445年。当年小河村的人从河南合涧移民到此定居，发现对面山峰中有一洞口正对这里，这是“风水”大忌，遂专程从老家挖来这株皂荚栽下。多少年来，这里的村民安居乐业，过着幸福美满的生活。笔者去为这株皂荚拍照时，正值炎夏下午2时，暑热正盛，汗流浃背。树下有一老者乘凉，邀笔者到家后，每人斟上一樽自酿的山葡萄酒（山葡萄树就在皂荚树旁），让大家解暑。那真是极品，味道不是好，而是美，感觉不是凉，而是爽。至今回味，余香犹在。

生长地点：鹅屋乡黄崖底村小河东坡
树龄（年）：444
树高（米）：12
胸围（厘米）：280
冠幅（米）：14.5

生长地点：桥上乡前脑村底西院
树龄（年）：200
树高（米）：19
胸围（厘米）：290
冠幅（米）：14.5

生长地点：晋庄镇泽井村
树龄（年）：200
树高（米）：25
胸围（厘米）：260
冠幅（米）：15

皂荚 【科普知识】

落叶乔木。树皮深灰色，粗糙。枝刺粗长，红褐色。一回偶数羽状复叶，萌发枝常具二回羽状复叶；小叶常 6 ～ 14 枚，卵形至长椭圆形，长 3 ～ 8 厘米，宽 1.5 ～ 3.5 厘米，先端钝，具短尖头，基部斜圆或宽楔形，叶缘有细锯齿。总状花序，腋生。荚果，长 12 ～ 30 厘米，宽 2 ～ 3.5 厘米，扁平，带状，黑棕色，被白色粉霜。花期 5–6 月，果熟期 10 月。

喜光，深根，耐干旱，喜深厚肥沃土壤，寿命长。

种子繁殖。

壶关有栽培，数量极少。鹅屋乡黄崖底村现有一株 400 多年的古树，胸围 270 厘米；桥上乡前脑村有一株 200 年左右的古树，胸围 290 厘米。

华山松

PinusarmandiiFranch.

别名潩松。松科、松属。常绿乔木。

生长在一座古庙的遗址上，可能是在庙宇香火旺盛之时栽下，不知何时，庙宇已经只剩废墟，而此松却依然挺拔。往事越千秋，不变的是坚守。

生 长 地 点：黄山乡冯坡村

树龄（年）：150

树高（米）：15

胸围（厘米）：145

冠幅（米）：6

华山松 【科普知识】

常绿乔木。树冠广圆锥形。幼树树皮灰绿色，老树树皮暗灰色，较光滑，无鳞甲状剥落。针叶五针一束，长 8 ~ 12 厘米，质柔软。雌雄同株。球果圆锥状长卵圆形，长 10 ~ 20 厘米。种子倒卵圆形，长 1.2 ~ 1.5 厘米。花期 4—5 月，果期 9—10 月。

华山松主要分布于华北、西北、西南。喜光，浅根，侧根发达，喜温凉湿润气候。树形高大挺拔，主干通直，针叶苍翠茂盛。县境内无自然分布。黄山乡冯坡村建于乾隆三十三年的普照寺遗址上现存一株，树龄不详，树高 14 米，主干高 9 米，冠高 5 米，胸径 35 米，冠幅 6 米左右。生长健壮。

高温、干燥条件造林不易成活，引进时要注意选择具有适生条件的地方。近几年开始引进。

刺槐

Robinia pseudoacacia L.

别名洋槐。豆科、刺槐属。落叶乔木。

于18世纪来到中国，不是“外来的和尚会念经”的崇外，而是刺槐在我国表现特好，现在已遍及全国各地。

綠柳吐絮迎新春

刺槐何时到壶关这块偏僻之地，也许这株难得一见的百年老槐就是最早的先驱吧。

生长地点：集店乡桥西村
树龄（年）：100
树高（米）：10
胸围（厘米）：410
冠幅（米）：8.5

dicos
德克士 dicos

这株刺槐年仅百年，但由于位置特殊，它作为壶关县古八景之一“燕子池”、体育场、学校操场、文化广场，泥土地、沙砾地、水泥地、塑胶地时代之变的亲历者例外编入。通过老槐的倩影，感悟变与不变的永恒！

生长地点：县城操场
树龄（年）：100
树高（米）：13
胸围（厘米）：225
冠幅（米）：10

刺槐 【科普知识】

落叶乔木。树皮灰褐色或黑褐色，深纵裂。奇数羽状复叶，互生；小叶 7 ～ 25 片，椭圆形至卵形，长 1.5 ～ 5.5 厘米，宽 8 ～ 18 毫米，先端圆或微凹，具小尖头，基部圆形或宽楔形，全缘。花两性，两侧对称，总状花序腋生，下垂，白色，芳香。荚果扁平，长 3 ～ 10 厘米，宽约 1.5 厘米，红褐色。花期 4—5 月，果熟期 7—9 月。

喜光，不耐庇荫，对土壤适应性强，耐干旱瘠薄，侧根发达，根系浅，抗烟尘能力强，水保能力强，自然成林能力强。

以种子繁殖为主。

壶关有大量栽培。20 世纪 80 年代初全县的 3 千多条沟全用刺槐绿化起来，一度成为全省的沟坡绿化典型。刺槐在壶关水土保持上功不可没。

漆树

Toxicodendron vernicifluum (Stokes) F. A. Barkl.

漆树科、漆树属。落叶乔木。

这是个不同凡响的树种，人对它有过敏反应，若不慎肉体接触到它，轻则头晕恶心，重则昏迷不醒。因此人们对它敬而远之，更少有人栽植。漆树在壶关县极少数村有自然分布，但未发现古树存在。世间事无奇不有，能在非自然分布区见到这株漆树就属意外，况且是一株古树，更是意外中的意外。

生长地点： 百尺镇五集村石崖上
树龄（年）：150
树高（米）：15
胸围（厘米）：160
冠幅（米）：14

漆树 【科普知识】

落叶乔木。树皮深灰色，呈不规则纵裂，小枝粗壮。奇数羽状复叶，互生，叶柄长 7 ～ 14 厘米，小叶 9 ～ 15，卵形、卵状椭圆形或长圆形，长 7 ～ 15 厘米，宽 3 ～ 7 厘米，先端渐尖，基部歪斜，圆形或阔楔形，全缘，上面常无毛，下面叶脉被黄色柔毛，侧脉 10 ～ 15 对。圆锥花序，腋生，具短柔毛，花杂性或雌雄异株，黄绿色，密而小。果序下垂，核果扁球形或肾形，直径 6 ～ 8 毫米，外果皮棕黄色。花期 6—7 月，果熟期 8—10 月。

喜光，喜温暖气候及湿润、深厚肥沃的石灰质土壤，不耐严寒。在背风和日光充足处漆液多、品质佳。在低温地区容易腐根。栽植时要与槭、栎、桦等树木混交。

种子繁殖，也可插根。

壶关有自然分布，较集中分布于桥上乡东、西柏坡村一带，石坡乡寺尾沟村、树掌镇神南村也有自然生长，百尺镇五集村还有一株古树。有一定发展潜力。

荆条

Vitex negundo var.heterophylla(Franch.)Rehd.

别名荆蒿。马鞭草科、牡荆属。落叶灌木。

荆条，普通的满山遍野都是。这株荆条生长在人口聚居的村中，是以一种什么样的魅力，引起先民的敬爱，并被一代一代村民敬为上宾的！是因为你顽强执着而感动？是因为你不断突破自身极限而敬畏？是因为你出类拔萃而尊崇？对你的尊崇就是对绿色的尊崇，对你的敬畏就是对大自然的敬畏。人与自然和谐相处是生存法则，不可违背。

生长地点：桥上乡南岭村
树龄（年）：200
树高（米）：3.5
胸围（厘米）：250
冠幅（米）：4

荆条 【科普知识】

落叶灌木。叶对生，有香味。小枝近方形，被灰色薄茸毛。掌状复叶，5小叶，稀3小叶，小叶片长椭圆形，先端渐尖或长渐尖，基部楔形。中间小叶片最大，两侧小叶片变小，长2～6厘米，上面绿色，光滑微被短毛，下面灰白色，边缘羽状切裂。花序顶生或腋生，聚伞穗状花序，再组成圆锥花序，花紫色。核果球形。花期6—8月，果熟期9—10月。

喜光，耐干旱瘠薄，萌芽力强。种子或扦插繁殖。

壶关全境有大量分布，多生长于干旱石质山坡。

花是良好蜜源。可在干旱阳坡进行人工造林。

黄栌

Cotinus coggygria var. pubescens Engl.

漆树科、黄栌属。落叶灌木。

在一条乡村小路的弯道上，依山望河，花开花落，叶绿叶红。尽管你的硕大身躯足以让人震撼，你的高龄让人不敢想象，但你从不在乎年龄的高低，从不计较岁月的长短，唯一的追求就是奉献美艳的色彩。

生长地点：桥上乡南岭村
树龄（年）：100
树高（米）：3
胸围（厘米）：115
冠幅（米）：6.5

石保红供图

黄栌 【科普知识】

落叶灌木。树液有强烈气味。小枝圆柱形，绿色。单叶互生，叶片卵圆形、广椭圆形、近圆形或广倒卵形，长 5 ～ 7 厘米，宽 4 ～ 6 厘米，先端圆钝或微凹，基部近圆形或阔楔形，全缘，上面绿色，下面沿中脉及侧脉密生灰白色绢状短柔毛，侧脉 6 ～ 10 对，脉先端长分叉。聚伞状圆锥花序，顶生。核果小，肾形。花期 4 月，果熟期 6 月。

喜温暖，耐庇荫，耐干旱瘠薄。对土壤要求不严。萌芽力强，多次平茬后仍能生长，根系发达。

秋后叶色变黄或变红，有一定观赏价值。可作荒山绿化树种，与油松、侧柏混交，营造风景林和生态景观林。

壶关东部山区有自然分布。桥上乡南岭村现有一株 110 年生老树，高 3 米，胸围达 115 厘米。

秋子梨

Pyrus ussuriensis Maxim.

别名山梨，当地名棠梨。蔷薇科、梨属。落叶乔木。

坚者自坚，强者自强。无论身处何地，都磨灭不了你自强不息的意志，都阻挡不了你蓬勃而生的气势。三株古棠梨，不同的是生长立地各异，相同的是老骥伏枥，志在千里。

虽然年岁已高，依然风华正茂。观其蓬勃之相，足有千岁之势。

生 长 地 点：东井岭乡罗掌村南
树龄（年）：400
树高（米）：12
胸围（厘米）：320
冠幅（米）：17.5

没有高度也有粗度，被挤压在地，也要奋力一搏。

生长地点：树掌镇赵和池村南垴疙瘩
树龄（年）：300
树高（米）：8
地围（厘米）：300（地面以上分叉）
冠幅（米）：13

生长地点：树掌镇南坡垴村
树龄（年）：100
树高（米）：7
胸径（厘米）：60（主干留一半）
冠幅（米）：7

长在半墙之上，虽常遭雷电打击，却能独自欣然：多一份阅历，就多一分美丽。

秋子梨 【科普知识】

落叶乔木。树冠宽广。树皮灰黑色，呈粗块状开裂。小枝黄褐色至灰紫褐色。叶片卵形至宽卵形，长5～10厘米，宽4～6厘米，先端多呈长尾状渐尖，基部圆形或近心形，边缘具有带刺芒状尖锐锯齿，上下两面无毛或在幼嫩时被绒毛，不久脱落；叶柄长2～5厘米，幼时有绒毛，后脱落。伞形总状花序，花白色。果实近球形，黄色、黄绿色或带红晕，萼片宿存，直径2～6厘米，果梗粗短，长1～3厘米。花期4—5月，果期9—10月。

喜光，抗寒，是梨属中最抗寒的树种，可耐-52℃的低温，耐干旱、瘠薄，耐涝、耐碱。根系发达。可做梨树砧木。

东井岭、树掌等乡镇有自然生长，并有古树存在。

黑椋子

Cornus walteri Wanger.

别名毛梾、椋子木。山茱萸科、梾木属。落叶乔木。

传说当年孔子乘牛车周游列国时，常因路途颠簸而致车梁断毁，后巧遇木质坚硬如铁的毛梾，伐做车梁，虽山高水长，崎岖难行，而车梁再无损坏。后人把此树叫作车梁木。壶关县树掌、桥上山上多有此树生长。传说树掌镇回车村曾是孔子回车的地方，也许这车梁木就采于树掌山上。这株黑椋子古树告诉我们，美好的传说必然有其存在的真实一面。

生 长 地 点：树掌镇马家庄村
树龄（年）：100
树高（米）：10
胸径（厘米）：多分叉
冠幅（米）：16

黑椋子 【科普知识】

落叶乔木，有时成灌木状。树皮黑褐色，纵裂。幼枝淡绿色。叶对生，椭圆形或长椭圆形，先端渐尖，基部楔形，上面深绿色，下面淡绿色，侧脉 4 ～ 5 对，叶柄 1 ～ 3.5 厘米，上面具沟槽。花白色，有香气，伞房状聚伞花序。核果球形，径 6 ～ 7 毫米，成熟时黑色。花期 5 月，果期 8—10 月。

部分村有栽培。

适应性强，耐干旱瘠薄，喜深厚肥沃土壤，树龄可达 300 年。

播种、分株或扦插繁殖。

木本油料树种。

槲树

Quercus dentata Thunb.

别名柞栎。壳斗科、栎属。落叶乔木。

数量极少，又隐没于杂木林中，故不引人注意。一旦有一天木秀于林时，你已不同凡响地修成正果，不然，不会专为你修建一座精美的小庙。

生长地点：树掌镇南坡垴村水草凹
树龄（年）：150
树高（米）：14
胸围（厘米）：260
冠幅（米）：8

槲树 【科普知识】

落叶乔木。树皮暗灰色，深纵裂。小枝黄褐色，圆形皮孔。叶倒卵形至长椭圆状倒卵形，长 10 ～ 20 厘米，宽 5 ～ 13 厘米，先端钝或短渐尖，边缘有 10 ～ 15 对波状锯齿，上面无毛，下面密被灰白色星状细茸毛。雄花单生或数朵簇生，雌花 1 ～ 3 朵生于新枝叶腋。壳斗杯状，包被坚果约二分之一。坚果卵形或椭圆状卵形。花期 4—5 月，果期 9—10 月。

喜光，较耐瘠薄干旱，对气候适应性强；喜酸性至中性、湿润深厚、排水良好的土壤。萌芽力强。

用萌芽更新，直播或育苗造林均可。

壶关县石坡乡、桥上乡、鹅屋乡、树掌镇，有自然分布，数量少。可与其他树种进行混交造林。

辽东栎

Quercus liaotungensis Koidz.

别名柴木。壳斗科、栎属。落叶乔木。

从它的名字,可以看到它的命运。千百年来,本地人只把它当作烧火柴使用,一茬又一茬周而复始地砍伐、生长，再砍伐、再生长。越砍越多，生生不息。但它的价值却远远不止这些。从这株古树可见它的威力。一块岩土被它的坚定有力的根系固定，看似岌岌可危，实则坚不可摧。悠悠数百年，相伴到永远。

生长地点：东井岭乡塔店村南
树龄（年）：800
树高（米）：9
胸围（厘米）：320
冠幅（米）：7.5

生长地点：树掌镇青松岭村
树龄（年）：150
树高（米）：10
胸围（厘米）：180
冠幅（米）：8

辽东栎 【科普知识】

落叶乔木。树皮暗灰褐色，老时灰黑色，深纵裂。幼枝绿色。叶倒卵形至椭圆状倒卵形，长5～17厘米，宽2.5～9厘米，先端钝圆或短突尖，基部耳形或圆形，边缘有5～7对波状锯齿，两面无毛，侧脉5～10对。雄花生于新枝叶腋，雌花单生或3～5朵簇生于当年枝叶腋。壳斗浅杯状或碗状，包被坚果三分之一。坚果卵形至长卵形。花期5月，果期9–10月。

喜光和凉爽气候，耐干旱瘠薄，耐寒。萌芽力强，多次砍伐仍能萌生成林。

用种子繁殖或萌芽更新。

壶关县树掌镇、石坡乡、桥上乡、东井岭乡、鹅屋乡有自然分布。可做荒山绿化树种。树冠丰满，叶形优美，也是行道绿化和园林绿化的理想树种。

梓树

Catalpa ovata Don.

别名花楸、水桐、黄花楸。紫葳科、梓树属。落叶乔木。

古代人家宅旁常栽种桑树与梓树，后人用"桑梓"比喻故乡。伟人毛泽东少年时曾写下"埋骨何须桑梓地，人生无处不青山"名句。梓树在壶关县有零星分布，但百年老树罕见。西川底村庙院的梓树独领风骚。

生长地点：龙泉镇西川底村庙院
树龄（年）：100
树高（米）：15
胸围（厘米）：141
冠幅（米）：8

梓树 【科普知识】

落叶乔木。树皮灰色或灰褐色，浅纵裂。小枝黄褐色或深棕色。叶阔卵形或近圆形，先端急尖，基部心形或近圆形，全缘或3～5浅裂，下面脉上有疏生毛，掌状5出脉，脉腋间有紫黑色腺斑4。圆锥花序，顶生，有花100余朵，花冠淡黄色，内有紫色斑点及黄色条纹。蒴果，长20～35厘米，常经冬不落。花期5—6月，果期9—10月。

壶关境内庭院及公园有栽培。

较喜光，喜湿润深厚土壤，深根性树种。

种子及根蘖繁殖，也可扦插。

抗污染性强，可做园林绿化树种。

白蜡

Fraxinus chinensis Roxb.

别名白荆。木樨科、白蜡树属。落叶乔木。

白蜡树是乡土树。壶关县境内大峡谷中随处可见自然分布。茁壮幼苗、参天大树，不胜其数。桥后沟村的白蜡古树，足以证明它的乡土身份之久远。

生长地点：桥上乡后沟村河西
树龄（年）：400
树高（米）：18
胸围（厘米）：317
冠幅（米）：13

石保红供图

白蜡 【科普知识】

落叶乔木。树皮灰褐色，有不规则的裂痕。枝暗灰色，散生皮孔。奇数羽状复叶，对生，小叶5～7，稀9，叶片革质，长圆形或长圆状卵形，长3～10厘米，宽1.5～5厘米，先端渐尖或急尖，基部宽楔形或楔形，边缘有整齐锯齿。圆锥花序生于当年生枝顶端或叶腋，雌雄异株；雄花密集，花萼钟状，无花瓣；雌花疏离，花萼筒状。翅果倒披针形。花期4月，果熟期9—10月。

适应性强，喜光，在湿润石灰质或微酸性土壤上能很好生长。根系发达，萌蘖力强，生长较快。对二氧化硫、氯气、烟尘的抗性强，对粉尘的吸附能力强。

播种或扦插繁殖。

大峡谷内的杂木林中生长较多，桥上乡有100年以上古树。有发展价值。

丁香
Syringa L.

别名紫丁香。木樨科、丁香属。落叶灌木。

这是一株充满花香又充满书香的丁香树。生长于壶关县实验小学南小院，植于1912年。在书香的熏陶中度过百年，见证了尚友书院、壶林书院到实验小学的前世今生，是县城中凤毛麟角的古树。

书香与花香相融，古校与古树相映，文化与绿化相通。在学校的百年之变中，保留下一株树木，这与这里的文人有着紧密的关联！

生长地点：县城实验小学南小院

树龄（年）：105

树高（米）：4.5

胸围（厘米）：两分叉 100 / 66

冠幅（米）：6

爱

据考，此丁香树植于民国元年（1912年），距今已有百年树龄，百度春秋，岁月峥嵘，她像一位饱经风霜的世纪老人，目睹了学校的诞生、成长和嬗变，见证了学校的发展、曲折和辉煌，向世人诉说着这座教育丰碑、文化殿堂的前世今生：
明万历乙巳（1605年）——尚友书院
清乾隆二十二年（1758年）——壶林书院
民国元年（1912年）——高等小学堂
民国七年（1918年）——第一高级小学校（1952年，在实小后院，新建壶关一中，1956年一中新校舍建成后迁到现址。）
1966年——东方红学校（1981年，分出初中部成立实验中学。）
1984年——实验小学（1984年，分出一部分师生成立新建路小学，即阳光学校；1999年，分出一部分师生成立八一希望小学。）

丁香 【科普知识】

落叶灌木。叶较小，下面稍有短柔毛，枝上叶常无毛，花白色，香气浓。
全县普遍栽植，常与紫丁香配对栽植观赏。

暴马丁香

Syringa reticulata var. mandshurica (Maxim.) Hara.

木樨科、丁香属。落叶灌木或小乔木。

壶关县东部山区有自然分布。这株暴马丁香在石坡乡寺尾沟村的一个山坡上，度过100多个春秋，至今枝繁叶茂，春华秋实。城市才刚刚引进栽植，它已在此芬芳百载。由此可见，城市有城市的繁华，乡村有乡村的优雅，城市有城市的魅力，乡村有乡村的美丽。在往城市涌进的时候，可曾想到山野的花香馥郁，乡村的宁静优美？

生长地点：石坡乡寺尾沟村
树龄（年）：120
树高（米）：7
胸围（厘米）：110
冠幅（米）：4

暴马丁香 【科普知识】

落叶灌木或小乔木。树皮暗褐色。枝直立而开展，灰色、黄色，有皮孔。叶对生，近革质，圆形、卵形或卵状披针形，长 4～8 厘米，少有 12 厘米，宽 2.5～6.5 厘米，先端急尖、渐尖或钝，基部常圆形或截形，全缘；上面深绿色，有光泽，下面灰绿色。圆锥花序密集，黄白色，钟形，花丝细长。蒴果长圆形，淡黄褐色或黑色。花期 6 月，果熟期 8 月。

种子繁殖，壶关东部山区山坡沟坡有分布。

具有观赏价值，可在城乡公园、绿地中栽植。

黄连木

Pistacia chinensis Bunge.

别名楷木、黄连茶。漆树科、黄连木属。落叶乔木。

踏破铁鞋无觅处，得来全不费功夫。在长达3年之久的树种调查中，一直确信有此树分布，但就是找不到它的身影。一次桥上拍照，无意间听桥上乡政府郭怀德说他们村有一株，这才补上不足。后来到黄崖底村下乡，竟还有一株古树存在，只是当地人把它误认为是楝树才一直没有发现。山中有宝，只要我们有足够的耐心和毅力就能发掘。

生 长 地 点：鹅屋乡黄崖底村庄上
树龄（年）：200
树高（米）：12
胸围（厘米）：255
冠幅（米）：14.5

黄连木 【科普知识】

落叶乔木。树皮暗褐色，鳞片状开裂。小枝初被微柔毛，后变无毛。植物体各部位均有特殊气味。偶数羽状复叶，互生，小叶 5 ～ 6 对，对生或近对生，披针形或卵状披针形，先端渐尖，基部广楔形，歪斜，全缘。花先叶开放，单性，雌雄异株，花序腋生，雄花排成总状花序，雌花排成圆锥花序。核果卵圆形，顶端具细尖，初黄白色，将熟时变红色，熟时变紫色或蓝紫色。花期 4 月，果期 9—10 月。

桥上乡南岭村、杨家池村、鹅屋乡黄崖底村有少量分布。

喜光，不耐严寒。对土壤要求不严，主根发达，萌芽力强，抗病能力强，寿命长。

新叶和秋叶红色，果实将熟时鲜红色，为优良的园林绿化树种。

流苏

Chionanthus L.

木樨科、流苏树属。落叶乔木。

山梁之上，裸岩之地。老年之龄，青年之形。花密集而素雅，木坚硬而细致，根药用之特别，无愧于山西省重点保护植物。物以稀为贵，走遍全县仅见一株。

据介绍，20 世纪 60 年代末，有人曾去砍伐，刚下锯，锯口便流出血一样的液体，伐者仓皇而去，树得以保留。这株流苏，留给我们一个唯一，留给我们一个思索，留给我们一个时代的记忆，留给我们一个并不遥远的神话。

生长地点：石坡乡寺尾沟村
树龄（年）：150
树高（米）：9
胸围（厘米）：115
冠幅（米）：7

流苏树 【科普知识】

落叶乔木。树皮暗灰褐色。小枝淡黄褐色。叶椭圆形、卵状矩圆形，先端急尖或钝，有时凹下，基部楔形或圆形，全缘，幼树叶常具锯齿，上面绿色，光滑，下面脉上被短柔毛，后渐脱落，基部短柔毛常存。雌雄异株。花与叶同时开放，圆锥花序，着生于有叶的侧枝顶端，白色。核果椭圆形。花期5月中旬，果期9—10月。

境内不多见，石坡乡寺尾沟山脊仅见一株古树。

适应性强，在微酸或微碱性土壤上均能生长。

播种、扦插、嫁接繁殖。

花白密集，素雅美丽，为优良园林树种，可适当发展。

华中五味子

Schisandra sphenanthera Rehd. et Wils.

木兰科、五味子属。落叶藤本。

树，不屈不挠向上奋进；藤，锲而不舍攀爬地面。而在太行山大峡谷的红豆峡石树苑里，树与藤的角色似乎转换——藤，借助树的躯干，将枝蔓毫无顾忌地攀缘，直到高出树梢仍不放弃向上的努力；树，虽然勉强保留着心不甘、情不愿的高傲气质，但卷曲的躯体已经显现出俯首称臣的卑微。我们在欣赏古藤的同时，是不是也产生了新的思考？

生长地点：

太行山大峡谷红豆峡石树苑

华中五味子 【科普知识】

落叶木质藤本。小枝红褐色，具颇密而凸起的皮孔。叶纸质，倒卵形、宽倒卵形，或倒卵状长椭圆形，有时圆形，很少椭圆形，长 5 ～ 10 厘米，宽 2 ～ 5 厘米，先端短急尖或渐尖，基部楔形或阔楔形，边缘至叶柄成狭翅，上面深绿色，下面淡灰绿色，有白色点，1/2 ～ 2/3 以上边缘具波状齿，上面中脉稍凹入，侧脉每边 4 ～ 5 条，网脉密致，叶柄红色，长 1 ～ 3 厘米。花生于近基部叶腋，橙黄色，花梗长 2 ～ 4 厘米。聚合果长 6 ～ 17 厘米，小浆果近球形，成熟时红色，肉质。花期 5—6 月，果期 8—9 月。

本种分布广，叶形变异大，常被误认为五味子。除地理分布与花的特征明显不同外，五味子老枝皮不规则脱落；叶膜质，背面中脉及侧脉明显被毛，花梗长 4—8 毫米；小浆果外果皮具不明显腺点，种子较大，淡褐色，种脐明显凹入 U 字形，容易区别。

大峡谷内有少量分布。

较耐旱，喜荫蔽和潮湿环境。

播种、压条或扦插繁殖。

南方红豆杉

Taxus mairei (Leme. et Levl.) S.Y. Hu ex Liu.

别名紫杉。红豆杉科、红豆杉属。常绿乔木。

红豆杉是第四纪冰川时期遗留下来的古老树种，是我国国家一级重点保护野生植物。除它具有的珍贵之处外，在壶关县还有一个特殊意义，即南方红豆杉在山西自然分布最北的边界线。如此珍贵树种跨入壶关县落地生根，这是壶关人的造化。因为有红豆杉，才有了后来的著名旅游胜地——红豆峡；有红豆杉，才有了中国情峡——红豆峡。绿水青山就是金山银山在这里得到了最好诠释！

生长地点：太行山大峡谷红豆峡

南方红豆杉 【科普知识】

常绿乔木，树皮灰褐色。小枝互生。叶条形，长1.5～3.5厘米，宽2.5～4毫米，中脉隆起。雌雄异株，稀同株。雄球花单生于叶腋，有梗；雌球花的胚珠单生于花轴上部侧生短轴的顶端，球形，外有杯状肉质假种皮，红色、味甜。种子多呈倒卵圆形，微扁，有2棱，长6～8毫米，径4～5毫米。花期4—6月，果期9—10月。

亚热带树种，喜温暖湿润气候。在深厚肥沃、排水良好的酸性土壤上生长良好。

种子或扦插繁殖。

红豆杉是第四纪冰川时期遗留下来的古老树种，被世界公认为濒临灭绝的天然珍稀抗癌植物，是我国一级保护树种。壶关县太行山大峡谷红豆峡景区有零星分布，也是南方红豆杉在山西省由南向北自然分布的一个边缘，红豆峡由此取名。因古人把红豆比喻为情人的相思之物，这里又被称为中国情峡。近年来，南方红豆峡景区在保护和发展红豆杉方面做了大量工作，繁育了很多小苗。同时还连续几年从东北和南方引进了该树。

南方红豆杉光合作用能力强，在星光、月光、灯光等微弱的光线下也能进行光合作用，因此能全天候释放氧气，是良好的园林绿化和家庭摆放树种，应予适当推广。

银杏

Ginkgo biloba L.

别名白果、公孙树。银杏科、银杏属。落叶乔木。

我国特有树种，被誉为植物活化石，果为名贵中药材。银杏是深得人们喜爱的风景树，雌雄异株，既有母仪天下之容，又有君临大地之威。它的英姿已以中国使者的尊贵身份出现在欧洲和北美等国。

近20多年来壶关县的银杏树栽植较多。追寻其栽培历史，可考的是沙窟村云山寺原有的两株，后被砍伐，伐根犹在。今收入的是其中一株伐后复生，年代虽然不足百年，但也是壶关县栽植银杏历史的明证。

生长地点：黄山乡沙窟村云山寺

银杏 【科普知识】

落叶乔木。树干直立，高大，幼树皮淡灰色，浅纵裂，老树皮灰褐色，深纵裂。大枝斜上伸展，树冠圆锥形至广卵形。叶扇形，无毛，上缘有浅或深的波状缺刻，有时中部缺裂较深，成2裂状，叶脉叉状并列，基部楔形，浅绿色或绿色，秋季落叶前变为黄色。雌雄异株。雄球花淡黄色，雌球花淡绿色。种子椭圆形、倒卵圆形或近球形。花期4—5月，果期8—10月。

喜光深根性树种，较耐干旱，不耐水涝，对大气污染有一定抗性。生长缓慢，寿命长。二十年开始挂果，四十年进入盛果期。

用播种、扦插、分蘖和嫁接等方法繁殖。

银杏树姿优美，秋叶金黄，是良好的风景树种。银杏为我国特产，国家二级保护植物。壶关有引进栽植。

脱皮榆

Ulmus lamellosa T. Wang et S. L. Chang ex L.K. Fu.

榆科、榆属。落叶乔木。

脱皮榆是山西省保护树种。收入本书不止这一个原因，特别的原因是两株脱皮榆生长的地方难能可贵。一株生长在著名景点八泉峡空中缆车的起点。一边是穿云破雾，遨游天空，现代化、高颜值的空中缆车，一边是任由风起风落、云卷云舒，我自逍遥的崖壁老树，形成一幅美轮美奂的今古奇观，使人时空交错，浮想联翩。

一株生长在著名景点红豆峡的石树苑。石树苑的奇特环境，造就很多奇树。这株脱皮榆立于石缝，长于林间，树形奇妙，亭亭玉立，令人不禁感叹大自然造物之神奇。

生长地点：太行山大峡谷八泉峡

生长地点：太行山大峡谷红豆峡石树苑

脱皮榆 【科普知识】

落叶乔木。树皮灰色或灰白色，成不规则片状脱落，有明显的浅褐色或绿黄色疤痕，皮孔明显。单叶，2列状互生，倒卵形或椭圆状倒卵形，长3.5～10厘米，宽2～6厘米，先端突尖或尾尖，基部楔形或宽楔形，微偏斜，边缘具单锯齿或不明显的重锯齿，上面绿色，密被短硬毛，下面灰绿色，具短硬毛或脱落后的毛迹。花两性，先叶开放。翅果倒卵形，长2～3.5厘米，种子位于翅果中部。花期3–4月，果期5月。

喜光，稍耐阴，喜温暖湿润气候，亦能耐低温，对土壤的适应性较广，耐干旱瘠薄。深根性，寿命长，萌芽力强。

种子繁殖。

桥上乡八泉峡、红豆峡中有少量分布。十八盘以下的山坡之上也可见。

青檀

Pteroceltis tatarinowii Maxim.

榆科、青檀属。落叶乔木。

国家三级重点保护树种。因为身份特殊，难得一见尊容。但寻到它时，它已是著名景区八泉峡中“主人”之一，它不以特殊身份自居，谦虚地为游客让出一条小道，任由游人在身旁欣赏峡谷之美。也许，它的身份和它的谦逊才配在这风光秀丽的八泉峡立身。

生长地点：太行山大峡谷八泉峡

青檀 【科普知识】

落叶乔木。树皮灰白色或暗灰色，长片状剥落，内皮淡灰绿色，老树干常扭曲且凹凸不圆。小枝暗褐色，无毛。单叶互生，叶卵形或椭圆状卵形，长3～9厘米，宽2～4厘米，先端渐尖或长尖，基部宽楔形或近圆形，稍偏斜，边缘有不整齐的锐锯齿，近基部全缘，上面无毛或有短硬毛，下面脉腋有簇生毛。坚果单生叶腋，周围有近木质化的翅，连翅长1～1.6厘米，宽1.5～2厘米，黄绿色或黄褐色，果梗长1～3厘米。花期4—5月，果期7—8月。

中等喜光树种，耐干旱瘠薄，为特别喜钙树种，但中性土和微酸性土也能生长。萌芽力强，根系发达，寿命长。

播种繁殖。

木材结构细，韧性强，耐磨损。

国家三级保护树种。

壶关有少量自然生长。本照片拍摄于八泉峡景区。

白桦

Betula platyphylla Suk.

别名桦树、桦木。桦木科、桦木属。落叶乔木。

白桦树皮纸状剥落，树干洁白雅致，枝叶扶疏，姿态优美，被誉为森林中的美人。它在壶关县更有神奇之处，走遍全县，只有石坡乡东黄花水村的桦木岭上有自然生长，其他地方一概没有发现。这是将桦树收入《壶关古树名木》的唯一理由。是桦树要求条件苛刻，还是桦树自然远播能力不足，值得研究。

生长地点：石坡乡东黄花水村桦树坡

白桦 【科普知识】

落叶乔木。树皮白色，纸质，成层剥裂。叶多三角卵形，叶缘有重锯齿或单齿，叶面深绿色，背面密生油腺点。花单性，雌雄同株。坚果小而扁。花期5—6月，果期8—9月。

喜光，不耐阴，耐严寒。

壶关县分布不多，仅发现石坡乡西黄花水村南山有自然分布。

白桦树干修直，树皮白色，枝叶扶疏，姿态雅致，被誉为“林中美女”。可在东部高山区适当推广，同时可在园林绿化中栽植。

连翘

St John's wort.

木樨科、连翘属。落叶灌木。

没有挺拔的英姿，没有玲珑的娇媚，没有美艳的花果，没有声贯古今的名气；有抗拒瘠薄的坚韧，有落地生根的特性，有漫山遍野的身影，有默默奉献的精神。连翘，被评为壶关县县花，正是坚韧、厚道、睿智、奋进的壶关精神的体现。现在，遍布全县的连翘，春华秋实，春天金黄的花朵绽放着金色的希望，夏秋累累果实就是满满的真金白银。连翘，已成为山区群众摆脱贫困的一项坚实产业。

生长地点：壶关全境

后　记

壶关设县两千余年，深厚的文化底蕴积淀中，深藏乡野的古树名木不失为一道靓丽风景。据史料记载，壶关历史上森林茂密，生态良好，但随着历史的演变，一度成为童山不毛之地。今天，经过全县人民的不懈努力，绿色再度回归造福人类。在这从有到无，又从无到有的过程中，株株古树记录了这漫长岁月里的重大变迁，写就森林与生态，人类与树木相互依存、难舍难分的密切关系。

古树名木是自然遗产，也是文化遗产，每株古树名木都有一个难以忘怀的记忆，都展示着一个绝美的生态景观，都是一个弥足珍贵的物种资源，都是一个厚重的文化符号。鉴于这种独特，我们产生了编著《壶关古树名木》的想法，以期人们在欣赏古树名木绰约风姿的同时，提升生态忧患意识和古树名木保护意识，并从古树的生物密码中，汲取知识，把建设绿色壶关的事业推向前进。

入选本书的古树名木共计 137 株。因油松、国槐数量最多，除两个油松古树群的古树为 100 年以上外，其他都选自树龄 200 年以上的古树中。古树数量少的其他树种，树龄达到 100 年以上的全部入选。另选古藤 1 株，名木 6 株。名木的选择理由，一是被省和国家列为保护对象的树种，二是在壶关有特定意义的树种。

古树树龄确定是一个难点，我们依据三个原则，一是走访村户收集证据；二是根据古树生长立地条件，树木生长粗度、高度进行判别；三是与周边可记树龄的树木进行比较，或借助诸如庙宇、碑刻等实物佐证。在此基础上参考 2010 年壶关县林业局的调查数据，做了科学分析，对部分出入较大的树龄做了更正。在整个拍照的过程中，我们又新发现了一些古树，一并收入本书。鉴于古树树龄确定较难，除有详细记载的树木外，一般树龄以整数记录。

在树种确定上，我们力争准确无误。由于我县以前没有做过树种调查，很多树名都是当地的俗名，不是查找不到，就是名不符实，或者是张冠李戴。今次为了核准树名，对于每株古树名木我们都亲到现场辨认，并十余次深入峡谷，五次到桥上南岭、树掌南坡垴，两次到黄崖底、梯脑山等处，辩花识果，从多器官判定树种。个别树种不能确定的，还邀请省林业专家进行了确认，使我县的古树名木都有了准确的学名。

在编排上，特选树龄 1000 年、壶关境内最古老的古槐为封面，书内首选县树油松开篇，最后是县花连翘收官。将县树、县花放在突出位置，意含森林树木是壶关生态文明建设之支撑，绿色发展之根本。古树名木共涉及 37 个树种，为了便于识别，每个树种开头，安排了一段文字以做简要介绍和提示。每棵树的照片编排，除有一张树木全貌照片外，还选配了几张不同角度的特写照，并用文字做了生长地点、树高等介绍。

本书出版得到中共壶关县委、县政府的大力支持，得到壶关县林业局、各有关乡镇村以及很多关心古树人士的帮助，在此一并表示衷心感谢！

由于我们水平有限，本书一定存在很多不足，并难免有失漏的古树名木，敬请大家提出宝贵意见！

编　者

2017 年 12 月

图书在版编目（CIP）数据

壶关古树名木 / 政协壶关县委员会编. -- 北京：方志出版社，2018.2
ISBN 978-7-5144-2988-6

Ⅰ. ①壶… Ⅱ. ①政… Ⅲ. ①树木－介绍－壶关县 Ⅳ. ①S717.225.4

中国版本图书馆CIP数据核字（2018）第037914号

壶关古树名木

编　　者：政协壶关县委员会
责任编辑：李志瑜
出 版 人：冀祥德
出 版 者：方志出版社
地址　北京市朝阳区潘家园东里 9 号（国家方志馆 4 层）
邮编　100021
网址　http://www.fzph.org
发　　行：方志出版社图书经销中心
电话（010）67110500
经　　销：各地新华书店
印　　刷：河南蓉泰印刷有限公司
开　　本：889×1194　1/16
印　　张：22.5
字　　数：121千字
版　　次：2018年2月第1版　2018年2月第1次印刷
印　　数：0001～1000册
ISBN 978-7-5144-2988-6　定价：168.00元